BEI GRIN MACHT SICH IHR WISSEN BEZAHLT

Joerg Geuting, Daniel Telaar, Monika Franczyk

Exkursionsprotokoll vom Geflügelschlachthof Wiesenhof und dem Schweinemastbetrieb Große Macke

GRIN Verlag

Bibliografische Information der Deutschen Nationalbibliothek:

Die Deutsche Bibliothek verzeichnet diese Publikation in der Deutschen National-
bibliografie; detaillierte bibliografische Daten sind im Internet über http://dnb.d-
nb.de/ abrufbar.

Impressum:

Copyright © 2001 GRIN Verlag GmbH
Druck und Bindung: Books on Demand GmbH, Norderstedt Germany
ISBN: 978-3-640-84353-4

Dieses Buch bei GRIN:

http://www.grin.com/de/e-book/14604/exkursionsprotokoll-vom-gefluegelschlacht-
hof-wiesenhof-und-dem-schweinemastbetrieb

GRIN - Your knowledge has value

Der GRIN Verlag publiziert seit 1998 wissenschaftliche Arbeiten von Studenten, Hochschullehrern und anderen Akademikern als eBook und gedrucktes Buch. Die Verlagswebsite www.grin.com ist die ideale Plattform zur Veröffentlichung von Hausarbeiten, Abschlussarbeiten, wissenschaftlichen Aufsätzen, Dissertationen und Fachbüchern.

Besuchen Sie uns im Internet:

http://www.grin.com/

http://www.facebook.com/grincom

http://www.twitter.com/grin_com

Westfälische Wilhelms – Universität Münster
Fachbereich Geowissenschaften

Exkursionsprotokoll vom 30.11.01.

Besuch des Geflügelverarbeitungsbetriebs Wiesenhof in
Lohne und des Schweinemasthofs Große Macke in Essen

Protokollanten: Monika Franczyk
Joerg Geuting
Daniel Telaar

Seminar: Wirtschafts- und Verkehrsgeographie WS 01/02

Inhaltsverzeichnis

Abbildungsverzeichnis

1. Einführung in den Raum und die Thematik

1.1 Einleitung

Im Rahmen des Seminars „Wirtschafts- und Verkehrsgeographie", besuchten wir in Lohne den größten Geflügelverarbeitungsbetrieb der Firma Wiesenhof, welcher ein Teil der PHW – Gruppe (Paul – Heinz – Wesjohann) ist.

Die zweite Station auf der Exkursion war der Schweinemastbetrieb des Landwirtes „Große Macke" in Bevern (Kreis Essen, Abb. 2). Die Gemeinsamkeiten der beiden Betriebe liegen darin, dass sie beide Veredelungsbetriebe sind, die aber auf verschiedenen Ebenen im Produktionsablauf arbeiten. Es konnten weitreichende Einblicke in den Produktionsablauf und in die Arbeitsweise moderner Agroindustrieller Unternehmen gewonnen werden.

Die einzelnen Unternehmen, deren Arbeitsweisen und Strukturen sowie die geographischen Grundvoraussetzungen des Raumes werden im folgenden Protokoll erläutert.

1.2 Lage und räumliche Einordnung

Lohne liegt am östlichen Rand des Niedersächsischen Beckens, im Südwesten von Niedersachsen und ist ca. 90km nordöstlich von Münster entfernt (siehe Abb. 1). In nordöstlicher Richtung liegen die Städte Bremen, mit einer Entfernung von ca. 60km, und Hamburg mit einer Entfernung von 150km, die mit ihren Häfen eine sehr große Bedeutung für diese Region haben. Das räumlich nächste Oberzentrum ist Osnabrück im Süden, das ca. 45km entfernt ist. Die Entfernung zum wirtschaftlich bedeutendsten Ballungsraum Ruhrgebiet beträgt ca. 135km. Das Emsland wird 80 km westlich von Lohne durch die Niederlande begrenzt. Außerdem hat Niedersachsen eine zentrale Lage in Europa, und so hat auch Lohne eine verkehrsgeographische gute Lage im europäischen Raum.

Abb. 1

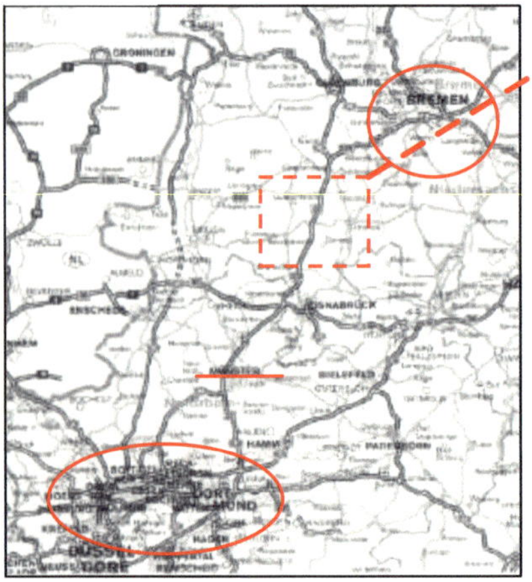

Abb. 2

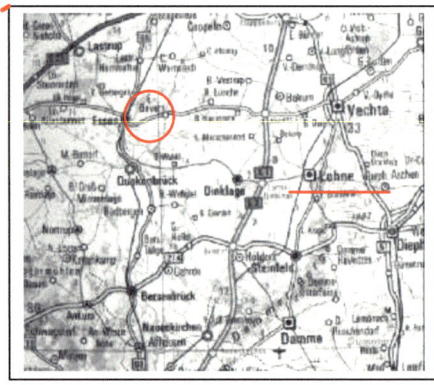

Quelle: ADAC Natur und Freizeitführer

Quelle: Auto Atlas Deutschland

1.3 Entstehung der Landschaft

Der Großraum um Lohne und Bevern kennzeichnet sich durch ein glaziales Landschaftsbild, das durch die Saale – Kaltzeit (vor 300.000 – 128.000 Jahren) geprägt wurde. Zur Zeit der Rehburger – Phase (Stillstandsphase des Eis) endete in der Region um Lohne der Bersenbrücker – Dammer – Lobus, der die aufgeschütteten Endmoränen (Dammer Berge, siehe Abb. 3) hinterließ. Mit dem Eintreten der Eem – Warmzeit zog sich das Eis in nördliche Richtung zurück. Aufgrund der Schmelzwässer kam es zu einem Durchbruch der Endmoränen im Süden. Durch den fortschreitenden Rückzug des Eises, kam es zu einer Zertalung der sandigen Moränen durch Erosion und Bodenfließen, und dadurch zu einer Auffüllung des Urstromtals sowie des Zungenbeckens, mit dem Solifluktionsmaterial und dem Material aus den sandigen Moränenhöhen, die früher weitaus höher waren (bis zu 200 Metern). Die Höhenunterschiede im Raum zwischen den Dammer Bergen und Bevern sind sehr gering, allerdings nicht vollkommen eben. So findet man heute im Bereich der Endmoränen (Dammer Berge) Erhebungen, die bis zu 100 Metern über den Beckenboden liegen.

Mit der weiter steigenden Erwärmung stieg der Grundwasserspiegel immer weiter an, und so begann auf den Talsandflächen das Moorwachstum. Auch heute noch ist der Grundwasserspiegel sehr hoch. Der Boden in dieser Glaziallandschaft kennzeichnet sich hauptsächlich durch feuchte und sandige Moorböden, die eher nährstoffarm sind (Podsole). Anfang des 19Jhd. versuchten die Bauern der Nährstoffarmut mit der Plaggendüngung entgegenzuwirken. Über längeren Zeitraum bildete sich dadurch ein besonderer Landschaftstyp heraus, der sog. Eschboden oder der Plaggenesch (siehe Abb. 4). Diese Landschaftsform kennzeichnet sich dadurch, dass die Ackerflächen ein wenig höher liegen als z.B. die Siedlungsflächen oder das Grünland. Diese Landschaftsform, auf der meist Ackerflächen liegen, ist kennzeichnend für die Region um Lohne.

Abb. 3

Abb. 107 Stauchmoränen der Rehburger Phase zwischen Emsland und Weser   n. Schneider u. a. 1960

Abb. 4

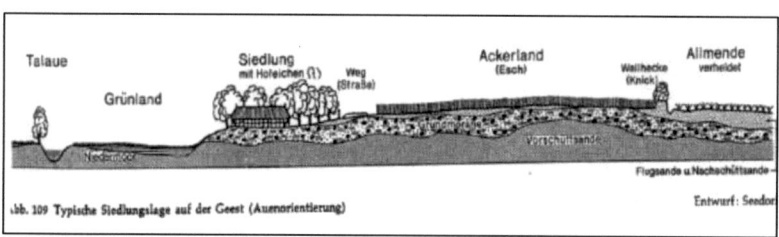

Abb. 109 Typische Siedlungslage auf der Geest (Asuenorientierung)   Entwurf: Seedor

1.4 Massentierhaltung (allgemein)

Die Massentierhaltung ist eine intensive Form der Lebensmittelherstellung, die stark technisiert und rational organisiert ist. Sie fordert zu Beginn hohe Investitionen wie z.b. für Futtersilos, Klima- und Lüftungsanlagen. Diese Investitionen werden oft von anonymen Kapitalgesellschaften gedeckt, die sich durch Bereitstellung von Geldern an der Produktion beteiligen. Die Massentierhaltung ist auch weiterhin kapitalintensiv (z.b. Spezialfutter) und strebt eine Gewinnmaximierung („homo oeconomicus – Prämisse") an. Die erzeugten Produkte sind ausschließlich für den Markt produziert.
Die Massentierhaltung kennzeichnet sich weiterhin durch die hohe Nutzungsintensität, d.h. dass man versucht auf wenig Raum einen hohen Ertrag zu erzielen (Kurzmast: 23 Tiere / m^2; siehe Abb. 5). **Abb.5**

Mastverfahren in der Mast				
Form der Mast	Kurzmast	Splittingverfahren	Mittellangmast	Langmast
Mastdauer (Tage)	32-34	1/3 30; 2/3 40	40-42	50-60
Besatzdicht (Tiere/m^2)	23	(23 /16)	16	14
Durchgänge / Jahr	8,1	7,2	6,7	4,8
Mastendgewicht (g)	1500	(1500 / 2000)	2200	2600
Verluste (%)	5,2	4,9	4,8	5,0

In der Massentierhaltung spezialisiert man sich in der Regel auf eine Tierart, um noch ertragreicher produzieren zu können. Die Fütterung bzw. die Ver- und Entsorgung läuft heutzutage automatisch, und ist ein weiteres Indiz für die Mechanisierung und Technisierung in der Landwirtschaft. Durch die Anschaffung solcher technischen Ausrüstungen steigen die Kosten natürlich immens, doch erst diese Technisierung ermöglicht es in auf diesem hohen Niveau zu produzieren.
Ein weiterer sehr wichtiger Faktor bei der Massentierhaltung ist die Verkehrslage des Betriebes oder des Unternehmen. Denn das Futter wird heutzutage nicht mehr selber angebaut, sondern man kauft hochwertiges Spezialfutter, das angeliefert werden muss. Die Tiere müssen zu den weiterverarbeitenden Betrieben transportiert werden und von dort zu den entsprechenden Absatzmärkten. Hieran wird auch die vertikale Verflechtung in der Massentierhaltung deutlich. Denn die verschiedenen Produktionsstufen (Futterproduktion, Tierzucht, Verarbeitung, Versand, Abb. 8) sind in den meisten Fällen untereinander vernetzt, oder stehen sogar unter einer unternehmerischen Organisation. Da ist es von großem Vorteil, wenn das Unternehmen in einer Umgebung liegt, wo man z.B. Anschluss an eine Autobahn oder an das Schienennetz hat.

1.5 Massentierhaltung am Beispiel der Geflügelmast

Die Intensivhaltung von Geflügel begann in Deutschland nach dem Zweiten Weltkrieg. Durch den wirtschaftlichen Aufschwung und den daraus resultierenden Wohlstand in der Gesellschaft stieg die Nachfrage nach Fleisch in den 60er Jahren stark an, und befand sich zu der Zeit in einer Wachstumsphase.

Die Geflügelmast ist eine Reaktion auf die ansteigende Nachfrage nach Geflügelfleisch, die sich auch jetzt noch weiter fortführt, denn der Verbrauch von Geflügelfleisch steigt immer noch an (Abb. 6). Und besonders in der Zeit von BSE kann man davon ausgehen, dass die

Nachfrage weiter gestiegen ist. Die Geflügelmast wird in Form der Bodenhaltung betrieben. Dabei werden zwei Verfahren unterschieden.

Das erste Verfahren ist das des „geschlossenen, massiven (konventionellen) Stalls", bei dem die Belüftung durch Einlassventile und die Abluft über Ventilatoren gesteuert wird.

Beim zweiten Verfahren handelt es sich um den „offenen Natur- oder Lousia-
Abb. 6 nastall", bei dem die Längsseiten nicht geschlossen, sondern nur durch vogelsichere Netze oder durch Maschendrahtzaun begrenzt sind. In beiden Verfah-

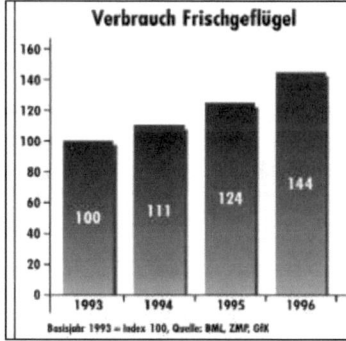

ren können gleiche Auslastungen (bis zu 40.000 Tiere) erreicht werden, doch beim ersten Verfahren sind höhere Investitionssummen nötig. Man kann verallgemeinern, dass pro Tier etwa 20DM investiert werden müssen. D.h. wenn man einen Stall für 40.000 Tiere bauen will, kostet dieser ungefähr 800.000DM. Beim Mastverfahren lassen sich drei bzw. vier verschiedene Formen abgrenzen (siehe Abb. 4), die sich in der Mastdauer, in der Besatzungsdichte und im Endgewicht der Tiere unterscheiden. Da in der Geflügelmast die Gewinnspannen gering sind (Mäster bekommt 10 – 15Pf. pro Tier) ist die Masse der maßgebende Faktor.

1.6 Warum ausgerechnet Geflügelwirtschaft in dieser Region?

Die Gründe für die Ausbreitung der Massentierhaltung in dieser Region lassen sich wie folgt zusammenfassen.

Wie bereits erwähnt ist die Bodenqualität in dieser Region ist nicht sehr gut, weil zum großen Teil feuchte sandige Böden vorherrschen, die eher unfruchtbar und somit nicht ertragsreich sind, um sie intensiv ackerbaulich zu nutzen.

Im 19Jhd. waren die Familien in dieser Region in der Regel sehr kinderreich, und mit den geringen Erträgen aus dem Ackerbau konnte man die wachsende Bevölkerung nicht mehr ausreichend ernähren. Konfrontiert mit einer nichtgesicherten Ernährungslage, kam es zwischen den Jahren 1841 und 1864 zu einer Abwanderung von 21% der Bevölkerung, des Raumes Vechta, nach Übersee.

Im Jahre 1885 wurde die Region an das Eisenbahnnetz angeschlossen, und so waren Verbindungen zu größeren Verbraucher- und Absatzmärkten geschaffen. Die Region liegt zentral zwischen den Hafenstädten Bremen und Hamburg, von denen das Futter zugeliefert wird und dem Absatzmarkt (Rhein – Ruhr), in den die Fertigprodukte transportiert werden. Ein weiteres wichtiges verkehrspolitisches Ereignis war die Eröffnung der Autobahn A1 im Jahre 1968. Dadurch war der reibungslose Handelsverkehr, zwischen den Hafenstädten und dem Absatzgebiet, auch auf der Straße gewährleistet. Mit einer zentralen Lage zwischen Absatz- und Beschaffungsmarkt, und einer guten Verkehrsinfrastruktur bietet der Raum optimale Vorraussetzungen für die Ansiedlung von geflügelproduzierenden und –verarbeitenden Unternehmen (vgl. industrielle Standorttheorien nach A. Weber).

Auch die Lage im europäischen Raum ist sehr zentral und begünstigt den Produktabsatz in die gesamte EU. Die Erschließung der großen Verbraucher- und Bezugsmärkte war der Schlüssel zur Intensivierung der Landwirtschaft, insbesonders der Geflügelmast. Dadurch entwickelte sich die Region, um den Raum Vechta, zu der intensivst genutzten Fläche für Geflügelwirtschaft in Europa.

2. Das Unternehmen Wiesenhof

2.1 Wiesenhof GmbH & Co. KG, ein Unternehmen der PHW – Gruppe

Das Agroindustrielle Unternehmen Wiesenhof, welches sich auf die Herstellung von Geflügelprodukten spezialisiert hat, ist Teil der PHW – Gruppe. Der PHW – Gruppe gehören Unternehmen aus den Geschäftsfeldern der Geflügelverarbeitung, Tier- und Humanernährung sowie der Tier- und Humangesundheit an. Die PHW – Gruppe beschäftigt derzeit rund 2860 Mitarbeiter, welche im Jahr 2000 einen Umsatz von 1,75 Mrd. DM erwirtschafteten. Davon erbrachte allein das Unternehmen Wiesenhof, mit 2200 Mitarbeitern einen Umsatz von rund 1 Mrd. DM, und zählt somit zum umsatzstärksten Bereich der PHW – Gruppe. Im Jahr 1998 / 1999 konnte das Unternehmen Wiesenhof ein Umsatzplus von 40 Mio. DM erzielen. In den Jahren 1998 /1999 wurden 45 Mio. DM in das Unternehmen investiert, so dass im Jahre 2000 ein Umsatzplus von 5% erreicht werden konnte, und wiederum Investitionen in Höhe von 60 Mio. DM in das Unternehmen flossen. Die hohe Produktivität des Unternehmens ermöglicht es große Gewinne zu erzielen, die wiederum dazu genutzt werden um die Produktivität zu steigern und die Qualität des Produktes zu verbessern.

Abb. 7

Wiesenhof ist Deutschlands größter Produzent von Geflügel mit insgesamt 6 Verarbeitungsbetrieben im gesamten Bundesgebiet (Abb. 7). Außerdem hat das Unternehmen 2 Großlager(Mannheim, Hadamar), die Bereiche abdecken in denen keine Verarbeitungsbetriebe angesiedelt sind. Dadurch soll der schnelle und räumlich kurze Transport zu den Absatzmärkten gewährleistet werden, damit die Frische der Produkte erhalten bleibt und die Transportkosten minimiert werden. Die Marke Wiesenhof umfasst Futtermittelhersteller, Geflügelzüchter, -brütereien, Mastbetriebe, Verarbeitungsbetriebe, Schlachtereien und Verpackungshersteller Hier zeichnet sich die vertikale Integration aller, für die Produktion notwendigen Teilbereiche ab. (Abb. 8). Täglich werden Deutschlandweit ca. 700.000 Tiere verarbeitet, wobei jeder Verarbeitungsbetrieb seinen eigenen Absatzmarkt beliefert. Wiesenhof liefert nicht nur auf nationaler Ebene sondern vermarktet seine Fertigprodukte europaweit. Einer der Abnehmer ist z.B. das internationale Fast – Food – Unternehmen „Burger King". Doch Wiesenhof beliefert auch andere Handelsformen wie den Einzel- und Großhandel sowie die Gastronomie.

2.2 Der Verarbeitungsbetrieb des Unternehmens Wiesenhof in Lohne

In Lohne befindet sich der Größte, von 6 Verarbeitungsbetrieben . Es ist der größte Geflügel – Schlachtbetrieb in ganz Europa, der unter anderem auch dazu beiträgt, dass in dieser Region die intensivste Nutzfläche für die Geflügelproduktion und –verarbeitung in Europa liegt.
Der Betrieb in Lohne baut auf den Schlachthof Gallus auf, der vor 20 Jahren von Wiesenhof übernommen, und für die Produktion von versandfertiger Ware umstrukturiert wurde. In diesem Verarbeitungsbetrieb werden täglich 240.000 Tiere (34% der Gesamtproduktion) angeliefert, verarbeitet und versendet. Die Aufgabe dieses Betriebes liegt in der Bereitstellung von versandfertiger Ware, die vorher vom Groß – und Einzelhandel bestellt wird.

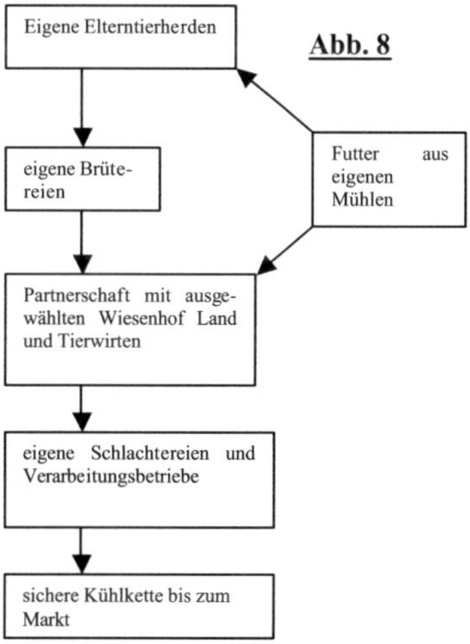

Abb. 8

- Eigene Elterntierherden
- eigene Brüte-reien
- Futter aus eigenen Mühlen
- Partnerschaft mit ausgewählten Wiesenhof Land und Tierwirten
- eigene Schlachtereien und Verarbeitungsbetriebe
- sichere Kühlkette bis zum Markt

Es sind ungefähr 400 Mitarbeiter in diesem Betrieb angestellt. Der größte Teil davon in der Produktion (250 Mitarbeiter), aber auch in der Verwaltung (50 Mitarbeiter). Die restlichen Mitarbeiter verteilen sich auf die Bereiche Lager, Maschinenwartung, Kontrolle, Versand und Außendienst. Im Jahre 1998 / 1999 wurden von den gesamten Investitionen des Unternehmens Wiesenhof (45Mio. DM), alleine 20Mio. DM in den Standort Lohne investiert, um die Produktionslinien zu erweitern und durch Computersysteme zu optimieren. Das sich diese Investition gelohnt hat zeigt die Produktionssteigerung von 42% seit 1998, die durch diese Technisierung erreicht wurde.
Die Tiere werden von ca. 300 Zulieferern, die in einem Umkreis von bis zu 80km liegen, angeliefert. Diese Mastbetriebe beziehen ihre Futtermittel größtenteils von den Häfen in Bremen und Hamburg. Die Fertigprodukte die im Standort Lohne produziert werden, finden ihren Absatz zum größten Teil im Rhein – Ruhr – Gebiet . Der nördliche und südliche Raum Deutschlands wird durch andere Produktionsstätten (siehe Abb. 5) beliefert.

2.3 Verkehrsituation

Die Verkehrsinfrastruktur ist für die Massentierhaltung und –produktion natürlich von größter Bedeutung. Zum einen müssen das Futter und die Küken zum Mastbetrieb transportiert werden, zum anderen müssen die Masthühner zum Schlachtbetrieb und die Endprodukte zum Absatzmarkt transportiert werden. Ein schneller Transport der Frischware ist sehr wichtig, da sie nur 6 Tage haltbar ist.
Lohne hat verkehrsgeographisch eine gute Lage. So verbindet zum Beispiel die A1 (Eröffnung 1968) die Häfen in Bremen und Hamburg, woher das Futter für die Mast angeliefert wird, und den Raum Rhein – Ruhr, der das Hauptabsatzgebiet ist, mit dem Standort Lohne. Eine weitere Verbindung mit den Absatz- und Beschaffungsräumen stellt die, durch Hamburg und dem Ruhrgebiet verlaufende, Eisenbahnstrecke dar.
Wie bereits erwähnt, liegt der Standort Lohne an einem, für den Absatz und die Beschaffung, optimalen Punkt. Durch die hohe Konzentration von Betrieben, die sich auf die intensive Geflügelproduktion spezialisiert haben, lässt sich vermuten dass in dieser Region der (nach Weber) tonnenkilometrische Minimalpunkt liegt. Außerdem verläuft südlich von Lohne die A30

die eine West – Ost Diagonale bildet und somit den Verkehr auch in andere Bereiche von Deutschland oder Europa ermöglicht. Nicht nur auf nationaler, sondern auch auf lokaler Ebene besteht eine gute Verkehrslage. Südöstlich von Lohne, bei Diepholz, treffen 4 Bundesstraßen (B 214; B 51; B 69; B 239) aufeinander, die in alle Richtungen verlaufen. Durch den Ausbau des Autobahn- und Eisenbahnnetzes wurden neue und größere Absatzmärkte für die Landwirtschaft erschlossen und begünstigte dadurch natürlich auch die Umstrukturierung auf Massentierhaltung in diesem Gebiet.

Der Transport der Fertigprodukte wird durch eine Spedition gewährleistet, die die Produkte in großen Kühlwagen (40 Tonner) zu ihrem Bestimmungsort transportieren. Das Unternehmen Wiesenhof hat in Lohne nur 9 eigene kleinere Transporter (7 ½ Tonner).

Durch die Autobahnabfahrt Lohne / Dinklage sind die nationalen Transportwege schnell erreichbar, und so auch die pünktliche Lieferung gewährleistet, die für dieses Unternehmen so wichtig ist.

2.4 Der Produktionsablauf

Bei der Produktion verfolgt das Unternehmen Wiesenhof das Konzept der „gläsernen Produktion", d.h. dass das gesamte Endprodukt aus einer Hand gefertigt wird. Die Tiere kommen zur Hälfte aus der eigenen Produktion (Geflügelvermehrungsbetriebe am Ortsrand) und die andere Hälfte wird von Vertragsmästern aus der Umgebung (Einzugsbereich 60 – 80km) geliefert. Der Produktionsablauf in Lohne gliedert sich wie folgt:

Anlieferung → Schlachtung → Weiterverarbeitung → Verpackung → Versand

1. Anlieferung: Nachdem die Tiere per LKW angeliefert und entladen wurden, werden sie von Arbeitern in Gruppenarbeit an die Lieferbänder gehangen, wo der mechanische Verarbeitungsprozess beginnt.

2. Schlachtung: Die Tiere werden in einem Tauchbad durch elektrische Ströme betäubt und dann maschinell getötet

3. Verarbeitung: Die Tiere werden automatisch weiterverarbeitet (Federn, Ausnehmen, Reinigen)Danach werden die Tiere durch ein Computersystem klassifiziert (Gewicht und Größe) und auf unterschiedliche Produktionslinien verteilt, wo sie gewürzt, zerteilt oder direkt verpackt werden. Ungefähr 25% - 30% (50 – 60 Tonnen) der Tiere werden als ganze Tiere verarbeitet, 70% -75% (140 – 150 Tonnen) kommen in die „Teilerei", woraus wieder 20 –25 Tonnen in der Filetierung verarbeitet werden. In der „Teilerei" wird das Geflügel maschinell aber auch manuell weiterverarbeitet. Die manuellen Arbeiten finden überwiegend in Gruppenarbeit statt. Ein Teil der Weiterverarbeitung ist die „Filetierung" der Hühnerbrust, die sich durch die steigende Nachfrage nach Geflügelbrustfilets entwickelte. Dieser Teil der Produktion wird von einen Subunternehmer übernommen. In der „Filetierung" arbeiten Arbeitskräfte im Akkord und produzieren bis zu 25 Tonnen Filet am Tag. Vor der „Filetierung" kommen die Filets in den Brustreiferaum, wo das Fleisch für 8 Std. gelagert wird, damit sich der Traubenzuckergehalt im Fleisch abbauen kann, wodurch sich die Zartheit des Fleisches verbessert. Nachdem die Tiere weiterverarbeitet wurden, sei es in der „Filetierung", der „Teilerei" oder der Würzung kommen sie in die „Verpackung".

4. Verpackung: Die „Verpackung" ist der arbeitsintensivste Teilbereich der Produktion, weil die Fertigprodukte alle manuell verpackt werden müssen, und deswegen werden in diesem Teilbereich die meisten Arbeitskräfte eingesetzt (Gruppenarbeit). Die in Kisten verpackte Ware wird über automatische Transportbänder in den gekühlten Lagerbereich transportiert

5. Versand: Im Lager- und Verladeraum werden die Produkte für die jeweiligen Abnehmer geordnet und bei einer Temperatur von 0°C – 4°C in die Kühltransporter verladen.

2.5 Allgemeine Informationen zum Produktionsablauf

Die Abnehmer bestellen bei der Firma Wiesenhof morgens bis 9Uhr ihre Produkte, und am nächsten Tag werden sie ausgeliefert und erreichen ihren Bestimmungsort (just – in – time). Hieran kann man erkennen wie wichtig es ist, dass ein reibungsloser Ablauf der Produktion gewährleistet ist. Und wie verheerend die Folgen wären, wenn die vollautomatische Produktion ins stocken geraten würde. Um das Risiko eines totalen Ausfalls der Produktion zu vermeiden, gibt es 2 Produktionslinien.

Mit den 20Mio. DM die im Jahre 1998 / 1999 in Lohne investiert wurden, erweiterte man die 2 Produktionslinien, die jetzt in der Stunde jeweils 8000Tausend Tiere verarbeiten können. Im Verarbeitungsbetrieb werden so täglich 240.000 Tiere verarbeitet, was einem Gewicht von 200 Tonnen entspricht.
Die Firma Wiesenhof kaufte hochtechnische Maschinen aus Holland und Dänemark mit komplizierten Computersystemen, die diese automatisierte Produktion ermöglichten und für eine hohe Produktionssteigerung sorgten (+ 42 % seit 1998). Zum Beispiel erkennt das Computersystem das Gewicht und die Qualität jedes einzelnen Huhns durch eine Kamera, und kann sie nach Gewicht ordnen. Es kann die Hühner auch nach der Anzahl ordnen (200 Stück), um sie dann direkt in der „Würzung" weiterzuverarbeiten und danach zur „Verpackung" zu transportieren.
Diese hochtechnische Automatisierung benötigt natürlich weniger Arbeitskräfte, und kann dadurch kostengünstiger produzieren. Außerdem verkürzt es den Produktionszyklus immens, und so braucht ein Hühnchen von der Anlieferung bis zur fertigen Verpackung nur noch 1 ½ Std.. Das Produktangebot der Firma Wiesenhof ist breit gefächert. Es umfasst mehr als 30 Endprodukte (Frischprodukte, Tiefkühlware und Convenience Produkte) und ist somit nicht so anfällig gegenüber Nachfrageschwankungen. Bei Geflügelprodukten besteht eine zyklische Nachfrage. So ist die Nachfrage im Sommer nicht so hoch, wie im restlichen Jahr. Doch es lassen sich auch kleinere Zyklen aufzeigen. So ist die Nachfrage am Wochenende und vor Feiertagen höher als im restlichen Wochenverlauf.
Zusammenfassend lässt sich sagen, dass der Geflügelverarbeitungsbetrieb der Firma Wiesenhof die typischen Merkmale (vertikale Integration, Automatisierung, Rationalisierung) eines modernen Unternehmens aufweist, die zur produktiven Herstellung von Geflügel – Fertigprodukten nötig sind.

2.6 Arbeiter

Wie im Kap. 2.2 schon erwähnt, hat der Standort in Lohne 400 Mitarbeiter. Zum größten Teil sind sie zur Verpackung der Ware eingeteilt. Diese Arbeiter sind in den meisten Fällen Ausländer (Ausländeranteil: 70 %), mit geringer Bildung. Denn zur Verpackung müssen sie nur kurz angelernt werden und können dann selbständig arbeiten. Anders ist es z.b. bei den Mechanikern, die den Produktionsablauf überwachen und gegebenenfalls die Maschinen reparieren müssen. Sie benötigen für ihren Job ein komplexes Fachwissen und sind nicht so leicht zu ersetzen wie die Arbeiter in der „Verpackung". Die Anzahl der Kontrolleure, welche die Qualität auf dem Produktionsweg überprüfen, ist im Verhältnis gering. Doch allgemein lässt sich sagen, dass für die weniger qualifizierteren Arbeiten meistens Ausländer, und für die höher qualifizierten Arbeiten einheimische Arbeiter eingesetzt werden. Aufgrund des Produktionszyklus wird in diesem Verarbeitungsbetrieb in 2 Schichten gearbeitet, die in einem zeitlichen Abstand von 1 ½ Std. (Dauer des Produktionszyklus) beginnen.

Die Arbeiter kommen meist aus dem näheren Umland (30km). Außerdem lassen sich hier Spuren der postfordistischen und der fordistischen Arbeitsweisen nachweisen. Obwohl die Massenproduktion zu den fordistischen Entwicklungen zählt, kann man in der Produktion eine Form von Gruppenarbeit erkennen, die zu den postfordistischen Entwicklungen zählt.

2.7 Ökologie und Umweltmanagement

Das Unternehmen Wiesenhof erhielt in diesem Jahr ein Zertifikat für Umweltmanagement (DIN ISO 14001), weil sie ressourcenschonend und emmisionsreduziert produziert haben. So konnten sie den Wasserverbrauch um 8%, den Stromverbrauch um 17% und den Gasverbrauch um 19% senken. In Zusammenarbeit mit der Firma Apac entwickelte man neue Verpackungen die umweltschonender sind, weil sie nur aus Stärke und Cellulose bestehen, und somit zu 100 % kompostierbar sind.

Auf die artgerechte Tierhaltung wird bei Wiesenhof besonders Wert gelegt. Die Ställe in den Mastbetrieben werden wetterangepasst belüftet und die Tiere erhalten eine altersangemessene Wärmezufuhr. Im Schlachtbetrieb werden die Tiere vor der Schlachtung durch blaues Licht beruhigt und erhalten vor der Schlachtung eine Betäubung.

Als einziger Geflügelproduzent mischt Wiesenhof dem Futter keine Leistungsförderer, für schnelleres Wachstum, zu. Der bei der Verarbeitung entstandene Abfall, der täglich ca. 100 Tonnen beträgt wird zu Tiermehl weiterverarbeitet und danach verbrannt, weil eine Weiterverarbeitung des Tiermehls nicht erlaubt ist (Präventionsmaßnahmen gegen die Ausbreitung von Tierseuchen und – krankheiten). Außerdem gelten für die Mast- sowie auch für die Verarbeitungsbetriebe strenge hygienische Vorschriften um die Qualität des Fleisches zu gewährleisten und der Verbreitung von Seuchen vorzubeugen.

3. Schweinemasthof Große Macke
Ein moderner Vollerwerbsbetrieb in Essen

3.1 Historische Daten und Zukunftsplanungen

Der Familienname große Macke kann bis zum 14.Jh. zurückverfolgt werden. Seit nun zwanzig Generationen wird hier auf diesem Hof Landwirtschaft betrieben. Seit dieser Zeit hat sich die Form des Landwirtschaftens und des Grundriss des Hofs verändert.

Als Henry große Macke den Hof 1979 von den Eltern übernahm, entschied er sich für einen Vollerwerbsbetrieb und spezialisierte sich im Jahr 1995 auf die Schweinemast. Zuvor wirt-

9

schaftete er auch mit Rindern. Dieser Schritt forderte große Investitionen und ist mit hohen Risiken verbunden, da Henry große Macke zwar selbstständig jede Entscheidung treffen kann, aber auch für jede Fehlentscheidung selber haften muss.
Heute stehen vier Gebäude auf dem Hof, die nach und nach dazu gebaut wurden. Die Funktion der Gebäude hat sich mit der Zeit geändert. So übernahm das jeweils jüngste Gebäude die Wohnfunktion, während dem verlassenen Gebäude eine andere Funktion zugewiesen wurde, wie z.B. die des Wirtschaftens. Eine Ausnahme bildet das im Jahre 1842 erbaute Niedersachsenhaus mit dem typischen Vierständerbau mit Dachbalkenzimmerung. Diesem Gebäude soll eine, völlig für die Landwirtschaft untypische, Funktion zugewiesen werden. Die Familie Große Macke hat sich vorgenommen hier einen Schulbauernhof einzurichten, um Kindern und Jugendlichen, in Gruppen, den Alltag auf einem modernen Bauernhof näher zu bringen, und um die Arbeitstechniken und Produktionsweisen vorzustellen. Da Ehegattin Maria als Lehrerin tätig ist, könnte sie ihren Beruf auf ihrem Hof weiter ausüben ohne das zweite Einkommen aufgeben zu müssen.
Weiterhin ist die Errichtung eines Ferkelstalls geplant.

3.2 Allgemeine Daten zum Hof 2001

Heute befinden sich auf dem Hof ca. 300 Zuchtsauen, ca. 1000 – 1200 Ferkel und Mastschweine und 3 Eber. Im Jahr 2001 wurden bereits 610 Sauen besamt und 6137 Ferkel geboren. Davon waren 407 Ferkel Totgeburten. Dies entspricht einem Prozentsatz von 6,63%. Der Ferkelindex (jährlich geborene Ferkel pro Sau) beträgt 27,9. Dies ist ein sehr guter Index, da der Mindestindex 17 Ferkel pro Sau beträgt.
Es werden jährlich etwa 6000 Schweine produziert und verkauft wobei im letzten Jahr die Zahl der produzierten Schweine auf 6700 gestiegen ist.
Die Produktionskosten eines Schweins betragen z.Z. 225 DM, bei einer Mastzeit von 6 – 7 Monaten. Der Verkaufspreis eines Schweins von 92 – 93 kg beträgt z.Z. 275 DM. D.h. der Bauer Große Macke macht einen Gewinn von 30 DM pro Schwein. Wenn nun jährlich ca. 6000 Schweine verkauft werden macht das einen Reingewinn von 180 000 DM. Hierbei soll erwähnt werden, dass der Bauer große Macke keine Subventionen vom Staat erhält. Von diesem Reingewinn muss der Bauer allerdings seine Mitarbeiter (1 Festangestellter und 1 Nebenerwerbslandwirt), den Tierarzt, das Futter, Strom und Gas (50 000 – 60 000 DM jährlich) und die Versicherung bezahlen. Die Pflichtversicherung gegen Seuchengefahr beträgt jährlich 20 000 DM. Weiterhin muss noch eine Tierlebensversicherung bezahlt werden. Ein Traktor z.B. kostet pro PS 1000 DM und der Rohbau für einen Ferkelstall kostet 400 000 DM. Es wird deutlich, dass diese Kosten nur mit der Massenproduktion gedeckt werden können.
Weiterhin gehören zum Hof noch weitere 140 ha Land. Dieses Land wird als Acker und Grünland genutzt um die Futter- und Nährstoffkreisläufe zu gewährleisten. Mais, Weizen und Kartoffeln werden auf dem Acker angebaut, während das Grünland zur Pferdezucht genutzt wird.
Die hier auf dem Acker angebauten Feldfrüchte, deren Düngung durch das Schleppschlauchverfahren (hierbei wird die Gülle so dicht wie nur möglich am Boden verteilt damit die Nährstoffe in der Gülle nicht verloren gehen) erfolgt, werden weiterverkauft. Von dem Gewinn wird nun spezielles Leistungsfutter für die Schweine gekauft. Dieses Futter ist eine Mischung aus Getreide, Eiweißträgern Vitaminen und Mineralien. Somit ist der Futter- und Nährstoffkreislauf gegeben.
Zusammenhängend muss man feststellen, dass die Produktionskosten indirekt abhängig sind von der jeweiligen Marktlage und direkt abhängig sind von der Anzahl der Ferkel, von der Produktivität der Mastschweine und vom Management. Um eine tiergerechte und hygienische

Haltung der Schweine zu gewährleisten, und dabei noch einen angemessenen Gewinn zu er-wirtschaften, sind eine Menge Engagement, Fachwissen und Investitionen nötig.

3.3 Mast

Alle Ferkel, die auf diesem Hof geboren werden, werden auch hier gemästet.
Die Sauen, Ferkel und Mastschweine werden in drei räumlich getrennten Einheiten gehalten.
Es gibt sieben Gruppen von Schweinen. Zwei Gruppen befinden sich im Deckzentrum, drei Gruppen im Wartebereich und zwei Gruppen in der Abferkelung.
Um die notwendige Hygiene einzuhalten (aufgrund der Seuchengefahr) muss jeder, der den Schweinestall betritt einen sterilen Einweg-Overall anziehen und Schutzfolie um die Schuhe tragen.
Zunächst kommen die Sauen in das Deckzentrum, in dem sie künstlich besamt werden. Die künstliche Besamung garantiert Gen-Vielfalt und verhindert die Inzucht. Trotzdem muss der Eber in der Nähe der Sauen bleiben, um sie zu stimulieren. Dem Eber werden alle zwei Tage jeweils 700 – 800 ml Samen entnommen, und dieser wird im eigenen Labor untersucht, um permanent für den besten Nachwuchs zu sorgen. Daher muss der Eber alle drei Jahre ausge-wechselt werden. Der Preis für einen neuen Eber kann zwischen 2000 DM und 3000 DM lie-gen. Die Jungsäue werden im Alter von 6 Monaten zum ersten mal besamt und nachdem sie durchschnittlich 12 mal geworfen haben, kommen sie zum Schlachthof und werden durch neue Jungsäue ersetzt.
Nach der Besamung kommen die tragenden Sauen weiter in den Wartebereich. Nach 114 Ta-gen ferkelt die Sau, wobei sie dazu in die Abferkelung gebracht wird. Es werden ungefähr 11 Ferkel im 10min. Rhythmus geboren. Der Abferkelungsraum ist so konzipiert, dass die Sau sich nicht schnell hinlegen kann, damit sie die Frischgeborenen nicht erdrückt. Sie kann sich zunächst an die Stäbe pressen, bevor sie zu Boden geht. Hier bleiben die Ferkel mit ihrer Mut-tersau bis sie etwa 24 Tage alt sind und werden durch tief hängende Heizlampen, die für eine Temperatur zwischen 38°C und 40°C sorgen, gewärmt. Danach werden die Ferkel von den Sauen getrennt untergebracht.
Die Tiere haben Platz und leben im engen Kontakt zum Menschen. Sie werden optimal ver-sorgt. Die Futterzufuhr ist computergesteuert und dem Zyklus der Sau angepasst. Jeden Mor-gen werden die Futterbehälter geöffnet und jedes Tier wird einzeln gefüttert.
Der Grad der Mechanisierung in diesem landwirtschaftlichen Betrieb ist relativ hoch. Somit besteht die Hauptaufgabe des Bauern hauptsächlich in der Kontrolle und des Managements, und nicht wie sonst vermutet in der harten körperlichen Arbeit. Doch die wesentliche Rolle spielt der Mensch in diesem mittelständischen Betrieb. Die moderne Technik erleichtert die Arbeit.
Dieser Schweinemasthof vom Landwirt Große Macke in Bevern ist ein gutes Beispiel für das erfolgreiche Zusammentreffen von traditioneller Landwirtschaft und moderner Technik.

3.4 Zusammenarbeit

Henry große Macke muss mit vielen Menschen aus anderen Betrieben und Berufszweigen eng zusammenarbeiten, um seinen eigenen Hof am Leben zu erhalten. Zunächst sei der Tierarzt Dr. Thole aus Bevern zu erwähnen. Er hält jeden Schritt der Gesundheitskontrolle fest. Seine Aufgabe liegt in erster Linie in der regelmäßigen genauen Kontrolle, sowie der Dokumentati-on der Bestandsbücher. Dazu gehört das Zählen der Geborenen, ob tot oder lebendig, sowie selbstverständlich jede Form der Behandlung der Schweine.

Der Futterlieferant ist die Firma Bröring aus Dinklage. Sie versorgt die Schweine mit einer Futtermischung auf Getreidebasis mit Sojabohnenschrot (Eiweiße).
Die Mineralstoffe, Vitamine und Spurenelemente bezieht Henry große Macke von der Firma MiAVit aus Essen. Hier werden 2500 Rezepturen für Futtermittelergänzungen entwickelt, da jede Altersklasse, vom Ferkel über das Mastschwein bis hin zur tragenden Sau, ihr eigenes Spezialfutter benötigt.
Die Zuchtsauen werden von der Firma Schaumann aus Pinneberg bezogen. Die Firma Schaumann ist der drittgrößte Hybridsauenanbieter in Deutschland. Hybridzucht bedeutet aus ganz vielen Kreuzungen die beste Rasse zu erzeugen. Über 50 000 Jungsauen der Rasse Hülsenberger Zuchtschweine werden in die gesamte BRD geliefert.
Für den Transport der Schweine ist der Viehtransport Heinz Meyer aus Essen zuständig. Er besitzt drei große Lkws (40 Tonner). Jeder LKW kann 650 Ferkel oder 200 Mastschweine hygienisch und stressfrei transportieren. Die Tiere haben genug Platz und für eine gute Belüftung ist auch gesorgt.

3.5 Zukunftsaussichten

Um sich auf dem Markt halten zu können bleibt einem landwirtschaftlichen mittelständischen Betrieb, wie dem von Henry Große Macke, nichts anderes übrig als mit der ständig anwachsenden Massenproduktion mitzuhalten. D.h. eine höhere Intensivierung der Mast.
Somit will Henry große Macke in die Verbesserung der Produktionstechnik investieren und versuchen die Arbeitskosten zu senken.

4. Quellenangaben

- Infomaterial PHW, Wiesenhof
- Auto Atlas, Serges Medien, Imprinta Verlag GmbH
- Paul L. Knox, Sallie A. Marston: Humangeographie, Kap. 8
- Topographischer Atlas Niedersachsen und Bremen, Hrsg. Niedersächsische Landesverwaltungsamt, Landesvermessungsamt Neumünster 1977
- Natur- und Freizeitführer, ADAC – Verlag GmbH, München

Internet:
- Videoansicht unter www.regiotv.de
- www.wiesenhof.de
- www.phw.de